숲은 미술관

예술적 감성을 키우는 자연 미술 놀이

글·사진 황경택

황소걸음
Slow & Steady

머리말

아이는 놀이를 통해 삶에서 필요한 것을 가장 많이 배우고, 놀 때 행복하다. 그래서 아이는 무조건 많이 놀아야 한다. 아이에게 예술 놀이가 필요한 이유는 뭘까?

사람은 자신의 감정과 생각을 표현하여 다른 사람과 소통하고 관계를 맺는다. 언어와 몸짓이 그것을 가능하게 한다. 구체적으로 글과 그림, 노래, 시, 춤 등이다. 이것을 모두 예술이라고 부른다. 자신을 맘껏 표현하지 못하고 인간관계가 원활하지 못한 사람은 당연히 행복할 수 없다. 즉 사람을 행복하게 하는 데 꼭 필요한 것이 예술이다. 아이가 행복한 삶을 누릴 수 있는 사람으로 성장하는 데 예술 놀이만큼 좋은 게 없다는 말이다.

자연은 그 자체로 멋진 예술품이자 예술가다. 수많은 생명체는 세월이 빚은 산과 들에서 자기 삶에 맞는 모습으로 햇빛과 비, 바람과 함께 살아간다. 아이들이 자연 속을 거닐 때 만나는 수많은 동식물이 제각각 살아가는 모습은 예술적 감수성을 자극한다.

현재 진행되는 '미술 교육', 특히 '생태 미술' '자연 미술'이라고 불리는 교육은 즐겁게 놀며 자연스럽게 배우는 미술 놀이보다 결과물

위주로 흘러가는 보여주기 식 체험, 강사 위주로 펼치는 재미없는 학습, 예시된 것을 모방하도록 짜인 것이 많다. 예술 놀이에서 가장 중요한 심미성과 창의성, 즐거움이 사라진 미술 놀이가 대부분이다. 학교 미술 수업이 언제부터인가 아이들을 공부시키고 괴롭히며 미술에서 멀어지게 하더니, 이제 생태 미술이란 이름으로 아이들을 공부시키고 괴롭힌다.

어릴 때 하는 모든 활동은 놀이여야 한다. 즐거워야 한다. 억지가 있어서는 안 된다. 이 책을 통해 쉽고 재미있고 편안하게 즐기는 미술 놀이, 자연에서 자연스럽게 할 수 있는 자연 미술 놀이를 소개하고자 한다.

함께 놀아준 '남한산성 숲유치원' 아이들에게 고맙고, 촬영과 책에 싣는 일을 허락해주신 부모님과 선생님들, 사진 촬영을 도와주신 손수용 · 안희진 선생님께도 감사드린다.

차례

1 미술은 눈으로 보는 데서 출발

포유류를 '코 동물'이라고도 한다. 냄새로 사물을 인지하는 능력이 다른 동물에 비해 뛰어난데, 이는 초기 포유류가 맹금류를 피해 어두운 굴속에 숨었다가 밤에 활동하느라 시각보다 후각이 발달했기 때문이다. 인간은 포유류지만 '눈 동물'에 가깝다고 할 수 있다. 후각보다 시각을 통해서 많은 정보를 얻는다.

미술은 아이들의 눈에서 시작된다. 아이들이 무엇을 관심 있게 쳐
다보면 그대로 두는 게 좋다. 위대한 예술을 시작하려고 하기 때문
이다.

눈이 아무리 좋아도 숲 속을 내달리면 보지 못하고 지나치는 게 많다. 숲 속을 천천히 걸어보자. 눈길을 끄는 것이 있다면 걸음을 멈추고 자세히 보자. 아이들은 시키지 않아도 스스로 그렇게 한다.

무엇을 자세히 보면 그동안 보지 못한 여러 가지가 보이고, 생각하지 못한 것을 생각하게 된다. 보지 않고 그림을 그리거나 만드는 것은 생각하기 어렵다. 그래서 미술은 눈으로 보는 데서 시작한다고 말할 수 있다.

오스트리아의 어느 음악학교에서는 아이들에게 한동안 악기를 만지지 못한 채 자연의 소리를 듣게 한다고 한다. 악기 연주보다 소리에 대한 감각, 감성을 키워야 좋은 음악을 할 수 있기 때문일 것이다. 미술도 마찬가지다. 도구 사용법이나 색채 이론을 가르치기보다 자연에 있는 다양한 모양과 색깔을 보고 익히는 것이 중요하다. 자연을 눈으로 많이 보는 데서 미술 수업을 시작해야 한다.

2 그냥 놓아두기

아이들을 숲에 데려왔다면 곧바로 무엇을 시작하기보다 한동안 그냥 놓아두는 게 좋다. 어른이 가장 잘 못하는 것이 아이들을 자유롭게 놓아두지 않는 것이다. 요즘 아이들은 놓아두면 아무것도 할 줄 모른다고 말하는 어른은 아이들을 온전히 놓아두지 않았거나, 아이들이 무언가 하는 모습에서 아무것도 발견하지 못한 것이다. 아이들은 놓아두면 반드시 무엇이든 한다. 먼저 움직이고, 두리번거리고, 살피고, 발견하고, 다가가서 논다.

아이들을 놓아두어 자기 눈으로 주변을 두리번거리게 하는 것이
미술 놀이의 시작이다. 아이들은 자연이 만든 멋진 예술품을 스스로
발견하는 눈이 있기 때문이다.

특별하게 수업을 하지 않아도 아이들은 자연이 만든 신기하고 멋진 예술품을 발견하고 감상하며, 모방하고 확장한다. 그러는 동안 예술적 감성이 자란다. 미술 놀이의 시작이다.

3 관찰력 기르기

숲을 지나가면서 그냥 보지 않고 멈춰서 자세히 보는 것이 관찰이다. 관찰한다는 것은 뭔가 발견했다는 것이다. 이때가 오랜 세월 자연이 만든 작품과 아이가 대면하는 순간이다. 미술 활동에서 관찰력이 가장 중요하다.

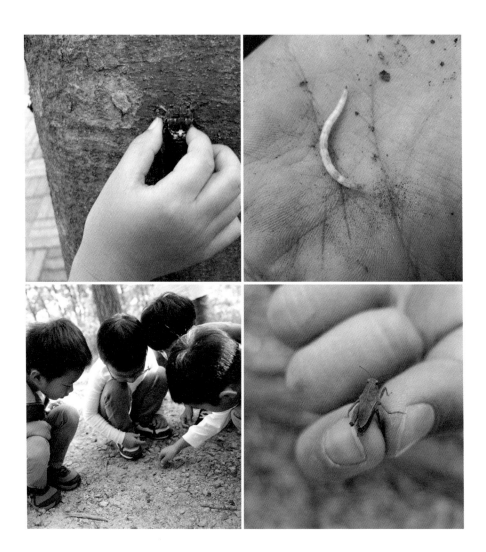

자연은 그 자체로 미술관이다. 미술에 대한 감각을 키우고 싶다면 그림을 잘 그리는 기술을 가르치기보다 자연이 만든 예술품을 충분히 관찰하고 감상하게 하는 것이 먼저다.

숲 속에서는 탐정이 되어보자. 탐정은 대개 관찰력이 뛰어난 사람이다. 관찰해서 정보를 받아들이고, 정보를 바탕으로 추리해서 보이지 않는 것도 알 수 있다.

숲은 아이들이 관찰력을 기르기에 적합한 곳이다. 숲에는 다양한 생명체가 살아서 볼거리가 아주 많기 때문이다. 숲 놀이는 대부분 관찰 놀이다. 아이들은 놓아두어도 스스로 자연을 관찰하지만, 짧은 시간에 정해진 장소에서 효율적으로 관찰력을 기르기 위해서는 몇 가지 관찰 놀이를 통해 이끌어주는 것도 좋다.

❶ 종이 망원경 놀이

종이 망원경으로 보면 렌즈가 없어도 동그라미 안을 집중해서 또렷하게 볼 수 있다. 아이들이 스스로 발견한 듯 성취감이 들기 때문에 더 관심을 쏟는다. '숲 속 액자'도 이와 유사한 놀이다. 답사에서 특이한 자연환경을 발견했다면 그 위치에 망원경을 고정해도 좋다.

② 나만의 자연사박물관

주변에서 자연물을 찾아오는 놀이다. 먼저 선생님이 나뭇가지로 방을 만들고, 자연물을 하나 가져와 그 안에 놓는다. 다음 사람은 앞사람과 다른 자연물을 가져와야 한다.

한 사람이 방을 여러 개 만들어도 된다. 방을 많이 만들려면 앞사람이 찾아온 것과 주변에 있는 사물을 자세히 봐야 한다. 가까이 있는 자연물만 모아도 종류와 모양과 색깔이 다양해서 멋진 작품이 된다. 다 만들면 자연사박물관처럼 보인다.

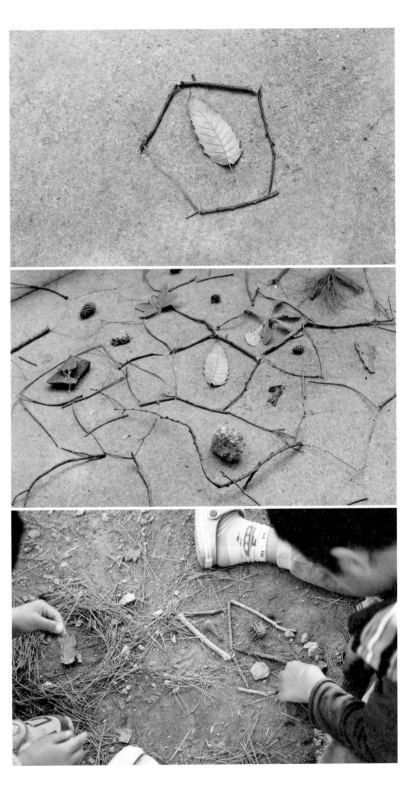

❸ 달라진 것을 찾아라

어쩌면 변화를 눈치 채는 것이 관찰력의 시작이라고 할 수 있다. 숲을 산책하며 마음에 드는 것을 한 가지씩 찾아오게 한다. 다양한 자연물을 준비한 보자기에 놓는다. 열을 세는 동안 쳐다보고 모두 눈을 감거나 돌아서게 한 다음, 진행자가 그중 한 개를 숨기거나 위치를 바꿔 놓고 무엇이 달라졌는지 맞히게 한다. 놀이하다 보면 저절로 사물을 자세히 보게 된다. 엄마와 아기가 하는 '까꿍'도 이와 같은 놀이다.

자연물 대신 아이들을 한 줄로 세우고 위치를 바꾸거나, 옷을 바꿔 입거나, 모자를 바꿔 쓰게 하면서 달라진 것을 찾아보는 놀이도 좋다. 이런 활동은 미술 놀이와 연관이 없는 것 같지만, 관찰력을 기르는 데 도움이 된다. 이런 놀이를 모두 미술 놀이에 포함하는 것이 '생태 미술'의 중요한 점이다.

❹ 닮은 나뭇잎 찾기

모양이 닮은 것과 다른 것을 알아내는 것도 관찰력이다. 세상에 똑같은 것은 존재하지 않는다. 따라서 가장 비슷한 것을 찾는 놀이다.

먼저 진행자가 나뭇잎을 골라서 보여주고, 잘 관찰해서 닮은 나뭇잎을 찾아오게 한다. 가장 닮은 나뭇잎을 가져온 아이는 이어서 문제를 낼 수 있다. 이런 수업은 아이들을 적극적으로 사고하고 움직이게 한다.

다른 자연물로도 할 수 있다. 똑같은 것을 찾기는 어렵지만 비슷한 것은 찾을 수 있다. 잘 찾아온 아이에게 칭찬해주고, 못 찾은 아이에게 다음에 더 잘 찾을 수 있을 거라고 얘기해준다.

이 세상에는 수많은 나무가 있고, 나무마다 잎 모양이 다르다.

❺ 다른 나뭇잎 찾기

다른 나뭇잎을 찾기 위해 자세히 보고 비교하면서 관찰력이 좋아진다. 먼저 보자기를 나눠주고, 서로 다른 나뭇잎을 찾아 보자기 위에 놓게 한다. 아이들은 이름을 몰라도 잎자루가 긴지 짧은지, 톱니가 있는지 없는지, 잎맥은 어떤지 모양을 비교하며 분류한다.

숲 속에 여러 가지 나뭇잎이 있다는 사실을 알게 된다. 생명의 다양성도 배울 수 있는 활동이다.

⑥ 나뭇잎 가위바위보

'다른 나뭇잎 찾기'를 한 뒤에 나뭇잎으로 가위바위보 놀이를 할 수 있다.

두 모둠으로 나누고 아이들 순서를 정한 다음, 진행자가 하는 말에 맞춰서 자기 모둠의 나뭇잎 중에 하나를 들고 나온다. 진행자가 말한 사실에 가까운 나뭇잎을 가져온 모둠이 이기는 놀이다.

"톱니가 많은 나뭇잎~!"이라고 외치면 자기 모둠 나뭇잎 중에 톱니가 가장 많은 것을 가지고 나와야 한다. 먼저 '다른 나뭇잎 찾기'를 해서 눈앞에 놓인 나뭇잎을 잘 관찰할 수 있다.

진행할 때는 '길이가 긴 것' '톱니가 많은 것'처럼 크고 많은 것뿐만 아니라, '길이가 짧은 것' '톱니가 적은 것'처럼 작고 적은 것도 말해야 다양성에 대해서 더 생각할 수 있다.

'가위바위보 놀이' 할 수 있는 나뭇잎의 특징

잎의 길이

잎의 폭

잎자루의 길이

톱니의 개수

한 잎에 작은 잎이 여러 장 붙어 있는 것(겹잎)

벌레에게 많이 희생한 잎

한 장에 여러 가지 색깔이 있는 잎

❼ 나뭇잎 퍼즐 맞추기

　나뭇잎을 각자 하나씩 준비하고 가위로 잘라 조각낸다. 원하는 숫
자로 조각낸 뒤 다시 맞춰본다. 나이가 어릴 때는 두 조각, 나이가 많
아질수록 여러 조각을 내는 게 좋다. 서로 바꿔가며 다른 친구의 나뭇
잎도 맞춰본다. 모두 섞어놓고 내 것을 찾아서 퍼즐 맞추기를 해도 재

미있다.

　가을에 하면 더 좋다. 막 단풍이 들어 조금 질긴 듯한 잎이 적합하다. 봄이나 여름에는 나뭇잎이 연해서 가위로 자르기 쉽지 않고, 시간이 지나면 모양이 변한다. 나뭇잎이 연할 때나 오래 쓰고 싶을 때는 두꺼운 종이에 나뭇잎을 붙인 다음 잘라서 쓴다.

⑧ 숲 속 빙고 놀이

숫자나 동물 이름을 쓰는 게 아니라 자연물을 찾아오는 빙고 놀이다. 먼저 바닥에 나뭇가지를 이용해서 아홉 칸 빙고 판을 만든다. 각 칸에 해당하는 자연물 카드를 놓고 그 자연물을 찾아오는 놀이다. 인원이 많을 때는 두 모둠으로 나눠서 어느 모둠이 먼저 빙고를 완성하는지 경쟁해도 재미있다.

빙고를 잘하려면 주변을 자세히 봐야 한다. 깃털, 이끼, 버섯, 솔방울, 지렁이 똥, 새똥, 동물 발자국, 빨간 열매, 노란 나뭇잎, 향기 나는 잎, 가시 달린 나무, 거미줄, 청서가 먹다 남긴 흔적 등 다양한 것을 찾아볼 수 있다.

어린 친구가 있으면 글자 대신 그림이 있는 카드를 사용한다.

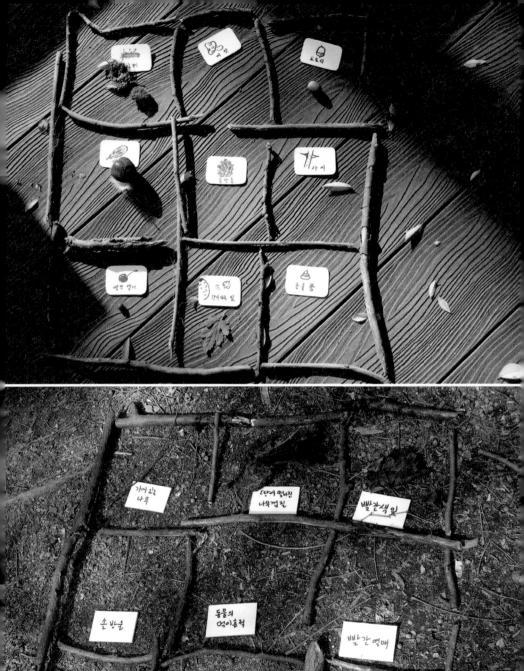

⑨ 2미터 수목원

길이가 2미터 정도 되는 끈을 땅바닥에 놓고 공간을 만들어본다. 동그라미도 좋고, 네모도 좋고, 불규칙적인 도형도 좋다. 그 도형 안에 어떤 생물이 사는지 관찰해본다.

풀은 몇 포기인지, 나무는 몇 그루인지, 곤충은 발견했는지, 발견한 것이 얼마나 많은지 세어본다. 어느 곳에서나 가능하지만, 끈을 펼쳐 놓고 범위를 정하면 더 집중할 수 있고 동기부여가 되어 자세히 관찰한다. 땅바닥에 있는 것을 세다 보면 더 자세히 볼 수 있고, 주변에 상당히 많은 생명체가 사는 것을 알 수 있다.

⑩ 다른 것 찾기

　우리를 둘러싼 환경은 날마다, 지금 이 순간에도 바뀐다. 그렇게 시간이 흐르고 우리는 나이를 먹는다. 조금 달라진 것을 눈치 채는 것이 관찰력이다. 나를 둘러싼 주변 환경의 변화를 알아채게 한다.

4 모양을 보는 눈

좀더 구체적인 미술 놀이로 들어가 보자. 우리는 모양, 색깔, 촉감, 냄새 등으로 사물을 인식한다. 눈으로 인식하는 것은 모양과 색깔, 그중에 모양을 가장 먼저 인식한다. 자연에는 다양한 자연물이 있어서 모양 관찰 놀이를 하기에 좋다. 주변에 있는 자연물이 어떤 모양인지, 그 까닭은 무엇인지 이야기해보고 특정한 사물과 닮은 것이 있는지 살펴본다.

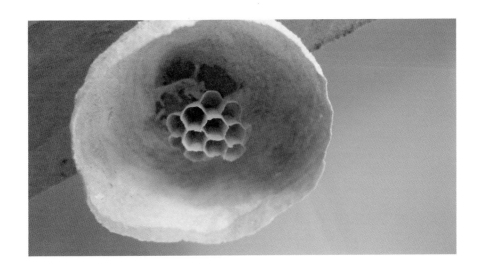

❶ 자연이 그린 그림 찾기

　　진행자가 제안한 모양을 보고 닮은 것을 찾아오는 놀이다. 아무 모양이나 찾는 것보다 정해진 모양을 찾아보는 활동이 자연물에 더욱 집중하게 한다.

　　동그란 것, 네모난 것, 세모난 것, 어떤 동물을 닮은 것, 사람을 닮은 것 등 다양한 찾기를 할 수 있다. 이 놀이를 하고 나면 아이들의 눈은 온통 닮은 것 찾기에 맞춰진다. "이거 비행기 같아요" "이거 고양이 닮았어요" 하면서 닮은 것을 찾아낸다.

❷ 모양 카드 놀이

여러 가지 모양을 그린 카드를 한 장씩 나눠주고, 그 카드 모양과 비슷한 자연물을 찾아오게 한다. 애벌레가 파먹은 모양, 돌멩이에 있는 무늬처럼 자연물 일부가 카드에 있는 모양과 비슷해도 좋다. 친구들과 서로 카드를 보여주지 않고 찾아온 자연물을 보고 어떤 도형인지 맞혀도 재미있다.

❸ 같은 모양을 찾아라

밧줄이나 끈, 나뭇가지 등으로 바닥에 큰 모양을 만들고 가장 비슷한 자연물을 찾아오게 한다. 큰 것으로 하면 호기심이 더 생기고, 다양한 모양을 만들 수 있다.

④ 나무껍질 퍼즐 맞추기

　버즘나무(플라타너스)는 흰 바탕에 붙은 껍질 색깔과 모양이 다양하고, 특정한 모양으로 똑똑 떨어진다. 소나무나 느티나무, 감나무도 껍질이 잘 벗겨진다.

　땅바닥에 떨어진 나무껍질을 주워 어디에서 떨어졌는지 찾아보자. 나무에 붙은 것을 떼어 어디에서 떼었는지 맞혀보는 것도 재미있다. 나무껍질을 뗄 때 다른 사람들은 눈을 감거나 돌아서게 한다.

⑤ 왜 이런 모양일까?

미술 놀이라고 해서 무조건 그림을 그린다고 생각하면 안 된다. 자연을 바라보는 눈, 생각을 키우는 과정이 필요하다. 그래서 질문도 좋은 미술 수업이다.

모양과 관련된 활동을 하면 아이들이 질문한다.

"선생님, 근데 이 나뭇잎은 왜 이렇게 생겼어요?"

자연에 원인이 없는 형태는 하나도 없다. 그 원인을 찾아보는 것이 자연을 공부하는 자세다. 원인을 찾다 보면 모든 자연물에 저마다 가치와 아름다움이 있음을 느낀다. 생태 미술을 하는 이유이기도 하다.

5 색을 발견하다

자연에는 수많은 동식물이 헤아릴 수 없이 다양한 모양과 색깔로 저마다 살아간다. 자연의 풍성한 모양과 색깔은 아이들에게 예술적 감수성, 특히 미술적 감성을 키워준다.

곤충은 왜 저런 색일까?

곤충을 보면 저마다 다양한 색깔과 무늬를 띤다. 다른 동물보다 크기가 작고 상대적으로 약한 자신을 보호해야 하기 때문이다. 곤충이 자신을 보호하기 위해 만든 보호색에는 주변과 자신을 비슷해 보이게 하는 위장색, 다른 동물이 위협을 느끼게 하는 경고색이 있다. 다른 것의 모양을 흉내 낸 의태도 있다.

잎은 왜 여러 가지 색으로 물들까?

가을이 되면 나뭇잎이 여러 가지 색으로 물든다. 추운 겨울을 나기 위해 준비하는 것이다. 봄부터 여름까지 열심히 일한 잎이 광합성을 멈추면 엽록소 안에 있던 노란 색소나 안토시안이 나타나 붉은 색을 띤다. 그 외에도 여러 가지 색을 내는 색소가 나타나 형형색색 단풍이 되는 것이다.

인간은 자연의 색에 적응하며 살아왔다. 빨간 열매를 보면 익었다는 것을 알고 따 먹었다. 그렇게 오랜 시간 적응해온 결과, 우리는 좋아하는 색깔을 얻고 예술로 표현했다. 우리가 잘 모르는 사이에 자연의 색이 아름다운 색으로 인지되었다.

꽃은 왜 저런 색일까?

꽃은 멋지게 보이기 위해서 피는 것이 아니라 열매를 만들기 위해서 핀다. 열매를 만들려면 꽃가루받이가 되어야 하는데, 꽃가루를 매개하는 게 주로 곤충이다. 그래서 식물은 곤충을 불러 모으기 위해 여러 가지 모양과 색깔로 꽃을 피운다. 꽃을 보면 식물이 곤충을 부르려고 참 다양한 색깔을 만들어냈다는 것을 알 수 있다.

열매는 왜 저런 색일까?

식물에게 가장 중요한 일은 자신을 닮은 새 생명이 태어날 수 있도록 씨앗을 만드는 것이다. 그리고 씨앗을 멀리 보내려고 한다. 가까이 있으면 자기들끼리 경쟁해야 하고, 병충해나 산불 등으로 모두 죽을 수도 있기 때문이다.

스스로 이동하지 못하는 씨앗은 바람, 물, 동물 등의 도움을 받아 멀리 가려고 한다. 특히 동물에게 먹혀서 멀리 가는 방법을 사용하는 씨앗은 꽃처럼 동물을 불러 모으기 위해 다양한 색깔을 띤다. 동물의 눈에 잘 띄는 붉은색이나 푸른색, 검은색이 많다.

① 같은 색깔 찾아오기

자연에 다양한 색이 있다는 것을 알려주기 위한 놀이다. 색종이나 색깔 카드를 나눠주고, 비슷한 색 자연물을 찾아오게 한다. 색종이나 색깔 카드 대신 색연필이나 색깔 있는 사물을 사용해도 좋다. 입고 있는 옷이나 신발과 같은 색깔 찾기 놀이도 재미있다.

다양한 색깔을 모두 찾아내기 위한 놀이라기보다, 생활용품이나 색깔 있는 도구와 비슷한 색이 자연에도 있는지 찾아보는 활동이다. 신기하게도 색깔을 대부분 찾을 수 있다.

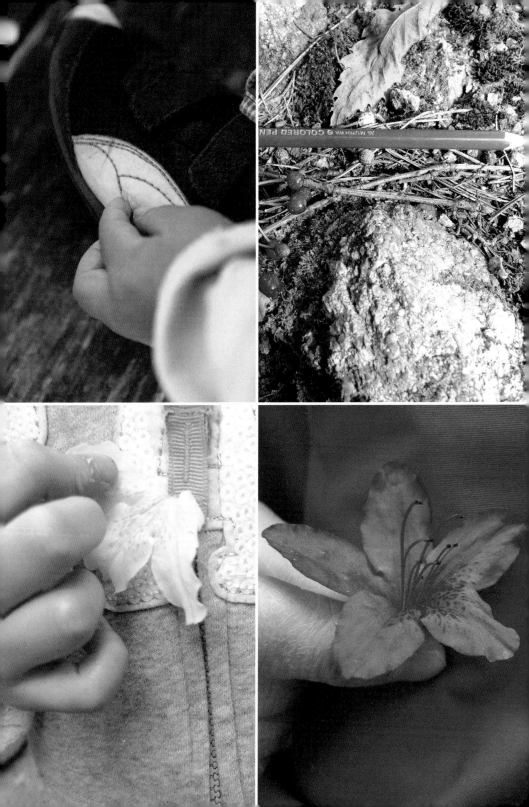

❷ 색띠 만들기

다양한 색깔을 보았다면 좀더 색다른 놀이를 해보자. 먼저 크게 다른 두 가지 색 자연물을 찾는다. 두 자연물을 양 끝에 놓고, 그 사이에 중간색 자연물을 놓는다. 계속 채워가다 보면 그러데이션이 나타나면서 이어진다.

❸ 색상환 만들기

　연습이 좀 됐다면 이제 여러 가지 색깔도 해본다. 빨간색, 노란색, 초록색, 검은색을 네 방향으로 펼쳐놓고, 그 사이에 다른 자연물로 색이 이어지게 놓아본다.

　자연물로 색상환 만들기 놀이를 하다 보면 자연에는 우리가 쓰는 물감보다 훨씬 많은 색이 있다는 것을 알게 된다. 자연뿐만 아니라 사람도 저마다 색깔이 있다. 자기에게 맞는 색깔을 찾았을 때, 여러 색이 어우러질 때 아름다움이 더 커진다.

❹ 자연물 피자 만들기

　나뭇가지로 땅바닥에 동그라미를 그리고 칸을 나눈 다음, 각자 하나씩 칸을 맡아 서로 다른 색 자연물로 채워서 피자나 케이크 모양을 만든다.

주변에서 찾아온 자연물로 멋진 케이크를 만들어 봄에 새싹을 틔운 나무의 생일잔치를 해보자. 그 달에 생일을 맞은 친구의 생일잔치를 함께 해주는 것도 좋다.

⑤ 자연 팔레트 만들기

두꺼운 종이로 팔레트 모양을 만든다. 거기에 물감을 짜듯 자연에 있는 수많은 색깔을 붙인다. 목공 풀을 이용하면 잘 붙는다. 열매로 물감을 만들어도 좋고, 나뭇잎으로 물감을 만들어도 좋다. 간단히 전시하며 친구들 팔레트를 감상한다. 자연에 얼마나 많은 색깔이 있는지 알 수 있다.

⑥ 나뭇잎 물감

　자연물로 하는 물감 놀이 중 가장 간단하다. 자연물을 그대로 종이에 칠해보는 것이다. 종이에 나뭇잎이나 꽃잎을 문지르면 색깔이 묻어난다. 나뭇잎이나 꽃잎뿐만 아니라 열매, 나뭇가지, 흙 등을 그대로 종이에 문질러 색깔을 낼 수 있다.

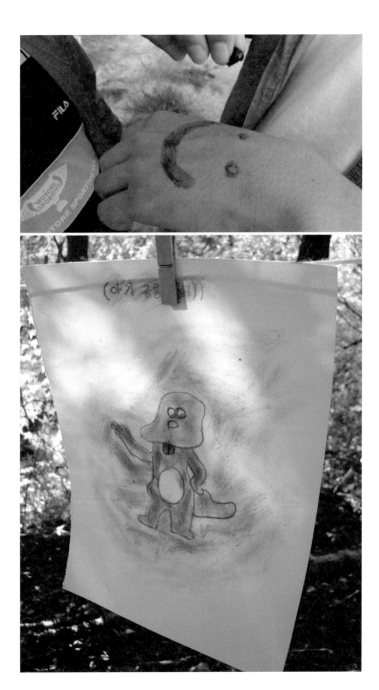

좀더 물감답게 만들고 싶다면 주변에 색깔 있는 잎이나 열매를 돌멩이로 짓이겨 즙을 내서 준비한 통에 여러 색깔을 모은다. 이렇게 만든 자연 물감으로 색칠한다.

자연 물감에 목공 풀을 넣으면 걸쭉해져서 더 물감 같다. 우리 선조는 이렇게 자연에서 물감을 얻었다. 검은색은 숯에서, 빨간색은 꽃잎에서, 파란색은 돌멩이에서 얻는 등 다양한 자연물에서 색깔을 얻어 그림을 그렸다. 요즘은 물감을 화학적인 방법으로 대량생산 하지만, 그 빛깔은 우리가 보는 자연에서 나온 것이다.

⑦ 돌로 물감 만들어 놀기

주변에 색깔이 다른 다양한 돌을 모은다. 모은 돌로 색띠나 색상환을 만든다. 물가에서 놀 때는 돌에 물을 묻힌 다음 갈면 돌 물감이 나온다. 돌 물감으로 자기 얼굴을 인디언처럼 꾸미거나 친구 얼굴을 멋지게 꾸며준다. 물감이 마르면서 더 선명한 색이 나타난다.

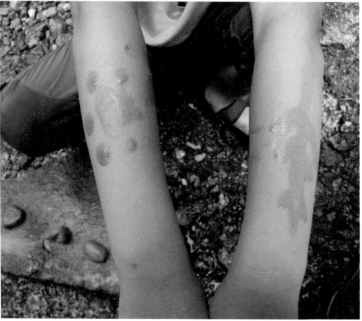

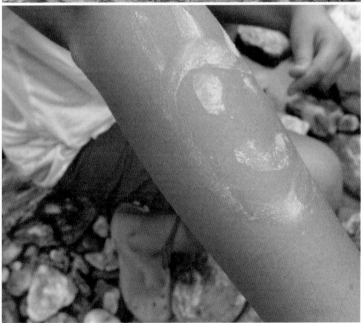

⑧ 흙 물감 놀이

흙도 물감이 될 수 있다. 선사시대 그림은 대개 숯이나 흙으로 그렸다. 흙탕물이나 진흙을 만진 손으로 종이나 나무줄기에 그림을 그려도 좋고, 자기 팔에 흙을 잔뜩 바르고 다 마르기 전에 긁어내서 그림을 그려도 좋다.

종이에 체로 흙을 쳐서 뿌리고, 그 위에 손가락이나 나뭇가지로 그림을 그려보자. 흙 사이로 종이가 나오면서 흰 그림이 된다. 반대로 풀이나 물로 종이에 그림을 그리고 그 위에 흙을 뿌린 다음 털어내면 작은 흙 알갱이가 붙어서 멋진 그림이 나타난다. 흙이나 모래를 이용해서 바위나 땅에 솔솔 뿌리며 그림을 그려도 좋다.

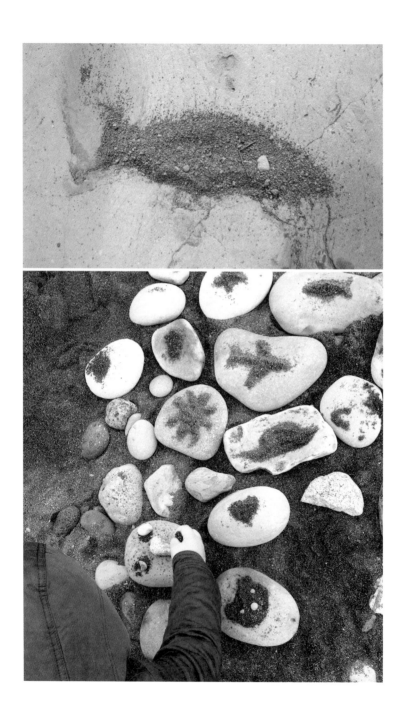

자연의 다양한 색깔

숲은 계절에 따라 모습과 색이 다르다. 우리는 변하는 자연을 바라보며 그 모습과 색에 익숙해지고 편안함을 느낀다. 그러는 동안 우리의 예술 적 감성도 자란다. 나라와 지역에 따라 자연의 모습과 색이 다르면 건축 물과 미술품, 옷 색이 조금씩 다른 것도 이 때문이다.

6 연상하기

예술가는 보는 눈이나 생각이 보통 사람들과 다르다. 대상을 보고 연상하는 것이 다르기 때문이다. 예를 들어 보통 사람은 나뭇잎을 보고 그냥 나뭇잎이라고 생각한다면, 예술가는 돛단배를 연상하는 식이다.

아이들에게는 돌이 멧돼지가 되기도 하고, 나뭇잎이 새가 되기도 한다. 연상 능력이 있기 때문인데, 이를 더 자극하고 키워주는 게 중요하다. 따라서 연상하기도 미술 놀이의 중요한 부분이다.

① 자연이 만든 미술품 찾기

우리가 만나는 자연은 오랜 세월 환경에 적응하며 지금의 모습이 되었기 때문에 어디를 봐도 멋지다. 그중에서도 특히 눈에 띄는, 자연 스스로 만들어낸 예술품을 찾아보자. 애벌레가 갉아 먹은 잎도 있고, 나무가 쓰러지면서 만들어낸 글자도 있고, 얼음이 녹으면서 흙에 새긴 무늬도 있다.

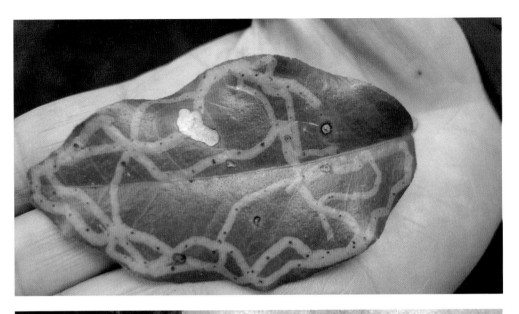

❷ 사람 얼굴 닮은 사물 찾기

화성 탐사선 바이킹 1호가 화성 표면을 촬영한 사진을 보냈을 때 많은 사람들이 그 사진에서 사람 얼굴 형상이 보인다고 했다. 이를 파레이돌리아pareidolia 현상이라고 한다. 환시나 착시를 뜻하는 말로, 의미 없는 무늬나 형태를 보고 특정한 이미지로 생각하는 것이다.

우리는 어떤 사물을 보고 가장 먼저 사람 얼굴을 연상한다. 살면서 사람 얼굴을 가장 많이 보기 때문일 것이다. 자연에서 사람 얼굴 닮은 것을 찾기는 참 쉽다. 나뭇잎이나 나무줄기, 바위, 산 등에서 사람 얼굴을 찾아보자.

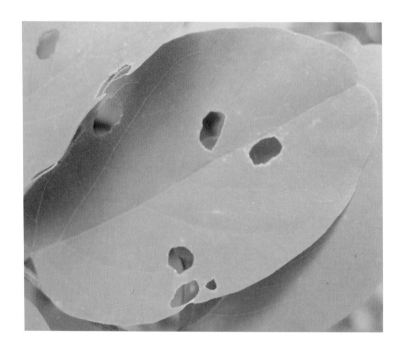

❸ 무엇을 닮았을까?

눈으로 대상을 보고, 관찰하고, 발견하는 것이 미술 놀이의 시작이라면, 대상을 보고 연상하는 것이 다음 단계다. 자연물을 보고 연상하는 놀이를 해보자.

특히 '나무껍질 놀이'가 재밌다. 나무껍질은 기하학적인 모양으로 벗겨지기 때문에 여러 가지를 연상할 수 있다. 버즘나무나 느티나무, 소나무 등이 껍질이 잘 벗겨지고 모양도 여러 가지라서 재미있는 연상 놀이를 하기에 적당하다.

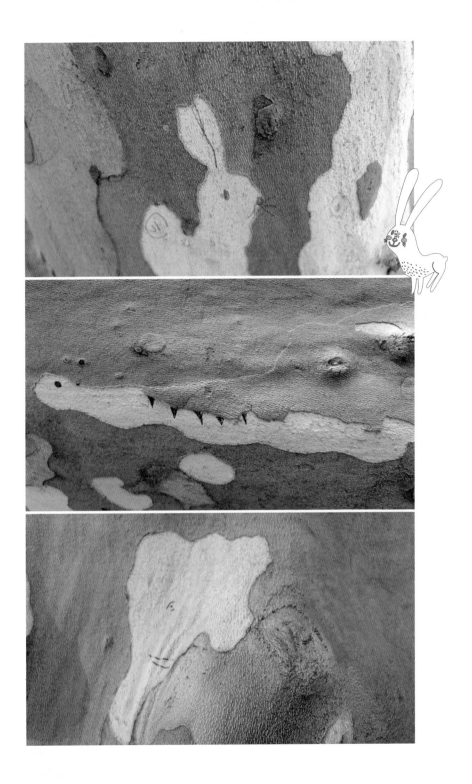

④ 무엇이든 될 거야

나무껍질을 한군데 모아놓고 다른 모양을 찾아보자. 작은 나무껍질 여러 개를 한데 뭉쳐놓으면 커다란 용이 될 수도 있고, 나무가 될 수도 있고, 거인이 될 수도 있고, 풍경화가 그려질 수도 있다.

주어진 도형을 이용해서 여러 가지를 다시 만들어보는 놀이는 창의력에 도움이 된다. 칠교도 같은 놀이다.

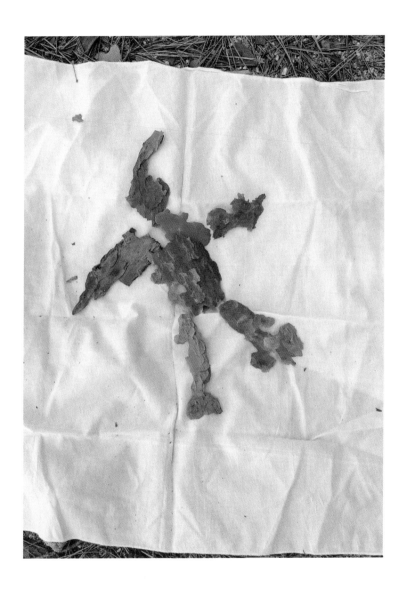

⑤ 그림을 완성하자

　미완성 그림을 자연물로 완성해보자. 사람 얼굴을 꾸민다면 코에 해당하는 자연물은 뭐가 좋을지 관찰하고 찾아다닌다. 적합한 것을 발견하면 기분이 아주 좋다. 더 적합한 것을 발견하면 새것으로 바꾼다. 이런 과정을 반복하면서 형태를 인식하고, 자신감이 생긴다. 사람 얼굴 말고도 자동차, 집, 동물 등 여러 가지 예를 제시하고 완성하게 유도해보자.

간단한 방법으로 할 수 있다. 나뭇잎을 한 장 주워서 땅바닥에 놓는다. 그 나뭇잎을 보고 연상되는 것을 떠올리고 빠진 부분을 그린다.

나뭇잎뿐만 아니라 다른 자연물도 가능하다. 종이에 할 때는 자연물을 풀로 붙여놓고 해도 좋다.

❻ 나뭇가지로 그림 그리기

    숲에 있는 커다란 나뭇가지나 나무껍질로 다양한 것을 만들어보자. 간단한 도형, 글자 만들기, 그림 그리기도 해본다. 사람, 자동차, 집, 공룡 등 다양한 그림을 막대기로 그려본다.

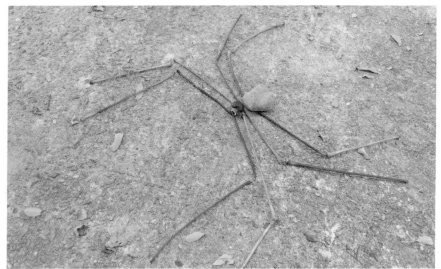

겨울은 세상이 온통 흰색 도화지가 된다. 도화지에 그림을 그리듯 나뭇가지로 눈을 긁으며 그림을 그려도 좋고, 주변에 있는 자연물을 이용해서 그려도 좋다.

⑦ 얼굴 만들기

아이들은 얼굴 만들기를 좋아한다. 돌멩이, 열매, 나뭇가지, 나뭇잎 등을 이용해서 사람의 신체 기관을 연상한다. 붉게 물든 나뭇잎은 마치 입술 같다. 까만 열매는 눈 같다. 그렇게 사람 얼굴을 생각하며 자연물을 찾아온다.

어느 한 가지만 사람 눈 같은 게 아니다. 이것도, 저것도 사람 눈 같다. 그렇게 생각의 폭이 넓고 다양해진다.

7 나만의 작품 만들기

지금까지 놀이를 진행하며 예술적 감수성
이 어느 정도 자극됐다면, 이제 자연물로 작품을 만들어보자.
생태 미술 작품이라며 결과에 집착하는 경우가 있는데, 잘하
고 못하고 따질 필요는 없다. 아이들이 만드는 것이기 때문에
하고 싶은 대로 만들면 된다.

❶ 나뭇잎 이름표

아이들에게 이름표를 달아줘야 할 때 자연물로 만들어보자. 나뭇잎에 이름을 써서 테이프나 핀으로 붙일 수도 있지만, 금방 떨어지기 때문에 투명한 케이스를 준비하는 것이 좋다. 나뭇잎에 이름을 쓰고 안에 넣으면 자연물 이름표가 완성된다.

이름이나 별명을 적어도 좋고, 그림을 그려도 상관없다. 매직펜 하나면 뚝딱. 아이들이 직접 할 수도 있고, 아이들이 어리면 진행자가 해줘도 된다.

➋ 나뭇잎으로 만든 꽃

색깔과 모양이 다양한 나뭇잎을 여러 장 주워 오리거나 자르지 않고 예쁜 꽃을 만들어보자. 꽃잎은 어떤 색으로 하는 게 좋을지, 줄기는 어떤 것으로 할지 생각하는 것만으로 즐겁다. 바닥에 나뭇잎을 배치했을 뿐인데 멋진 꽃이 탄생한다. 우리 주변에서 볼 수 있는 물건이나 동물 등 다른 것도 만들어보자.

❸ 숲 속 액자

　숲은 수많은 자연물의 전시장이다. 하지만 그것은 어디까지나 보는 사람의 몫이다. 어떤 사람에겐 특이한 꽃만 보일 수도 있고, 어떤 사람에겐 독특한 나무만 보일 수도 있다. 아이들이 주변을 자기 눈으로, 자기 생각으로 볼 수 있도록 멋진 장면을 찾아서 액자에 담아보라고 하자. 액자는 집중하게 한다. 많고 많은 것 중에 내가 발견한 것이라는 표시가 되기도 한다.

검은색 종이 액자를 나눠주고 그 안에 멋진 자연을 담아보라고 한다. 아이들이 "뭘 담아요?" 하고 물을 것이다. "응, 집에 가면 액자 있지? 그 액자에 멋진 사진도 있고 그림도 있잖아. 이 숲에도 멋진 게 있단다. 그걸 발견한 곳에 액자를 놓는 거야"라고 말해준다.

아이들은 두리번거리며 살피다가 마음에 드는 곳에 액자를 놓는다. 아이는 대단한 작품을 하나 만든 것이다. 제목도 지어주면 더 훌륭한 예술 작품이 된다.

아이들은 낙엽이 잔뜩 쌓인 길에 놓은 액자에 '숲 속 여행'이라고 제목을 붙이는 식으로 자기 생각을 담기 시작한다. 예술가가 탄생하는 순간이다. 다른 사람이 와서 그 액자를 보고 멋지다고 감탄하면 그 순간 예술 놀이의 가장 높은 경지가 실현된다. 내가 찾은 것에 다른 사람이 놀라고 기뻐하는 것, 감동하고 감탄하는 것이 예술의 본질이기 때문이다.

액자는 종이가 아니어도 상관없다. 그냥 손가락 액자로 하늘을 바라봐도 좋고, 구멍 난 나무 틈으로 세상을 바라봐도 좋고, 나뭇가지를 이용해서 액자를 만들어도 좋다.

④ 손수건에 그린 풍경화

그림 완성하기 놀이를 어느 정도 해보고 하는 게 좋다. 도화지에 연필로 그림을 그리듯이 손수건에 자연물로 그림을 그려보자. 자연물의 형태를 내가 원하는 것으로 표현하고자 하면 연상 능력이 발달할 뿐만 아니라 무에서 유를 창조하는 예술가의 느낌을 체험할 수 있다.

⑤ 단풍잎 색종이

가을이 오면 나뭇잎은 여러 색깔로 물든다. 마치 색종이 같다. 단풍잎을 색종이처럼 이용해보자. 가위 하나만 있으면 된다. 색종이 오리듯 단풍잎을 오려서 새도 만들고, 토끼도 만들고, 자동차도 만들고, 사람도 만들고… 생각나는 대로 사각사각 가위질을 해보자.

만든 것은 한곳에 모아 전시해보자. 동물끼리 모였다면 멋진 단풍잎 동물원 탄생!

⑥ 단풍잎 모자이크

단풍잎을 잘라 모자이크를 해보자. 어린이에겐 조금 어려우니, 쉬운 그림으로 큼직하게 잘라서 만드는 것이 좋다. 종이나 풀이 준비되지 않았다면 땅바닥에 해도 상관없다.

가위로 자르지 말고 작은 나뭇잎이나 자연물을 반복적으로 놓아가면서 모자이크처럼 그림을 완성해보자. 색깔이나 모양이 비슷한 나뭇잎이 많을 때 하면 좋다.

열매나 형태가 비슷한 사물을 이용해도 재미있다.

⑦ 낙엽 조각가

가을이 깊으면 나뭇잎이 많이 떨어져 쌓인다. 쌓인 낙엽으로 동그라미, 세모, 하트, 별 등 여러 가지 모양을 만들어보자. 발로도 만들 수 있고, 나뭇가지로도 만들 수 있다.

낙엽을 파내서 만들기(음각)도 하고, 낙엽을 쌓아서 만들기(양각)도 한다. 여럿이 뭉쳐서 아주 크게 만들어보자.

⑧ 나뭇조각 퍼즐 만들기

나무로 퍼즐을 만들어보자. 산에 가면 솎아베기(간벌)한 나무가 있다. 먼저 통나무를 하나 고른다. 아까시나무가 단단하고 좋다. 벤 지 오래되어 삭은 나무나 벤 지 얼마 안 되어 수분이 많은 나무보다 적당히 마른 통나무가 좋다.

고른 나무를 톱으로 얇게 자른다. 톱질이 힘들면 쉬었다 하고, 다른 사람과 번갈아 한다. 커다란 나무를 직접 톱질하는 재미도 크다.

얇게 자른 나무에 그림을 그린다. 나무에 그림 그릴 때는 연필이나 볼펜보다 매직펜이나 물감이 좋다.

다 그리면 돌멩이에 뒤집어서 놓고 다른 돌멩이로 꽝 내려친다. 여러 개로 나뉜 나뭇조각을 섞어놓고 퍼즐을 맞춰보자.

⑨ 단풍잎 스테인드글라스

　단풍잎에 햇살이 비치면 반투명한 빛이 더욱 아름답다. 그런 성질을 이용해서 단풍잎 스테인드글라스를 만들어보자.

　검은색 도화지(하드보드지)에 밑그림을 그리고 그 부분을 오린다. 아이들은 칼로 오리는 게 쉽지 않으니, 간단한 도형으로 하거나 진행자가 잘라줘도 좋다. 오린 자리에 여러 가지 단풍잎을 붙이면 아름다운 작품이 된다. 햇살에 비춰보면 훨씬 멋지다. 실내에서 할 때는 조명에 비춰본다.

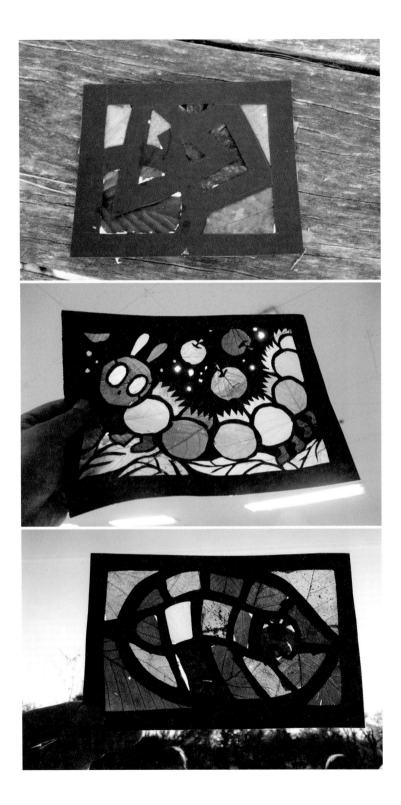

⑩ 숲 속 패션쇼

　패션 디자이너들은 다른 예술가처럼 자연에 있는 다양한 색과 모양에서 영감을 얻는다고 한다. 우리도 자연물로 옷을 만들어보자. 종이에 그림을 그리고, 옷 부분만 오린다. 가위질이나 칼질이 어려울 수 있으니 미리 잘라서 나눠주고, 아이들은 자연물만 붙이게 해도 좋다. 그림을 가지고 여기저기 대보며 어떤 옷감이 좋은지 찾아서 예쁜 옷을 만들어보자.

⑪ 눈으로 그리기

눈이 내리면 눈 위에 그림을 그릴 수도 있고, 눈사람을 비롯해서 여러 가지를 만들 수도 있다. 눈으로 지점토나 찰흙처럼 다양한 만들기를 해보자.

눈덩이를 분필처럼 잡고 나무나 바위에 그림을 그려보자. 눈이 녹으면서 물 그림이 완성된다. 눈이 오지 않을 때는 바위나 큰 돌에 물로 그림을 그려도 좋다.

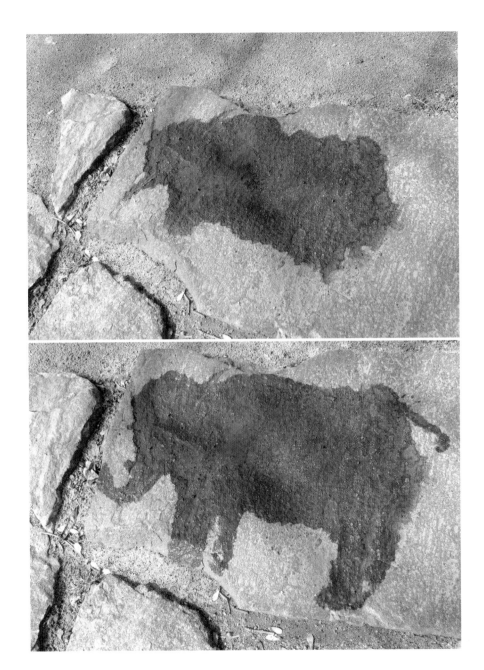

⑫ 얼음 장식

추운 날에는 얼음으로 만들기를 해보자. 크리스마스트리에 달 예쁜 장식을 만들어도 좋다. 얼음으로 장식품을 만들 수도 있다.

그릇 두 개를 준비하자. 먼저 큰 그릇에 작은 그릇을 놓고 물을 부으면 얼음이 얼면서 동그란 장식물이 된다. 얼음을 얼릴 때 여러 가지 잎이나 열매를 넣으면 더 멋진 작품이 나온다. 작은 그릇에 실을 담그면 실도 같이 얼어서 줄줄이 얼음 장식이 된다.

⓭ 동화 속 장면 만들기

"이거 뭐 같아?"

"물고기 같아요."

"물고기가 혼자 있으니 심심하지 않을까?"

"여기 코끼리가 있어요."

"와! 코가 길쭉한 코끼리네. 코끼리와 물고기는 무슨 말을 할까?"

아이들은 자연물로 그림책을 꾸미듯 조금씩 이야기를 만들어간다. 미술은 단순한 그리기가 아니라 그 안에 이야기를 담아야 한다. 이야기가 있다면 미술의 최고 경지에 이르렀다고 할 수 있다.

⑭ 나는 자연 예술가

　자연에 나와서 주변에 있는 것으로 자기만의 작품을 만들어보자. 주제도 없고, 소재의 제한도 없다. 돌멩이와 나무 열매, 흙을 만지면서 자기만의 작품을 만드는 시간에는 누구나 피카소가 되고 미켈란젤로가 된다.

　미술은 멀리 있는 것이 아니다. 늘 우리 곁에 있고, 언제 어디서나 즐길 수 있다. 그런 때 행복하다.

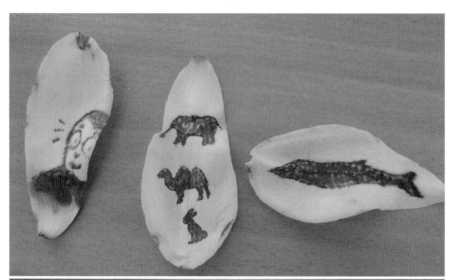

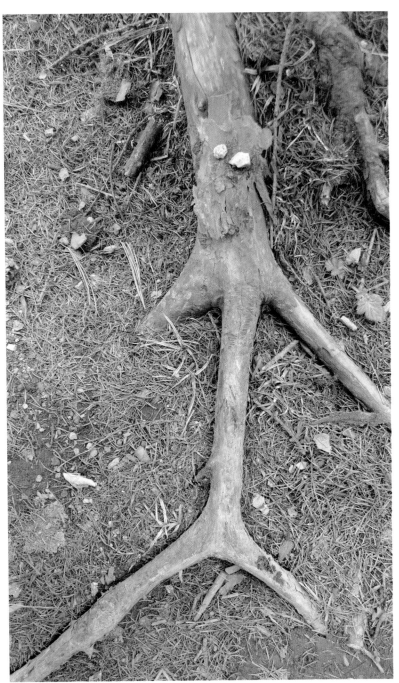

펴낸날 | 초판 1쇄 2016년 3월 18일
초판 4쇄 2024년 3월 5일
지은이 | 황경택
만들어 펴낸이 | 정우진 강진영 김지영
펴낸곳 | 도서출판 황소걸음
디자인 | 송민기 happyfish70@hanmail.net
등록 | 제22-243호(2000년 9월 18일)
주소 | 서울시 마포구 토정로 222 한국출판콘텐츠센터 420호
편집부 | 02-3272-8863
영업부 | 02-3272-8865
팩스 | 02-717-7725
이메일 | bullsbook@hanmail.net

ISBN | 979-11-86821-04-6 03480

이 도서의 국립중앙도서관 출판시도서목록(CIP)은 서지정보유통지원시스템 홈페이지
(http://seoji.nl.go.kr)와 국가자료공동목록시스템(http://www.nl.go.kr/kolisnet)
에서 이용하실 수 있습니다. (CIP제어번호 : 2016005716)